# 入門

## 考える力を育てる

# 天才ドリル

図形・計算・
文章題の
**基本が
身につく!**
認知工学・編

**小学校
3年生以上**

「考える力」を育てる
Discover
ディスカヴァー

## おうちの方へ

◎「算数の基本」がこれ1冊で身につく！

　社会はますます高度化・複雑化し、これまで予想もしていなかった問題に対して自ら考え判断する力が求められるようになってきています。このような風潮を反映するかのように、中学入試でも、その場で考える力を問う問題が数多く出題されています。

　しかし、その傾向に反比例するように、計算はできても応用問題や図形、文章題などが苦手な子どもがむしろ増えていると感じています。

　私たちは、算数が苦手な小学生が楽しく問題に取り組み、いつの間にか「自分の頭で考える」ことができるようになる教材を多数開発し、これまで『天才ドリル』というシリーズの形で9冊、出版してきました。ただ、点数が増えてくるにつれ、読者の方から「どのドリルからはじめればいいかわからない」という声をいただくことも増えてきています。


　そこで、今回は、はじめて取り組まれる方を対象として、『天才ドリル』シリーズでも特に人気の5つのドリルから幅広く問題をセレクトし、図形・計算・文章題といった「算数の基本」が身につく『入門天才ドリル』を出版することにしました。

　算数の基本が身につくことはもちろん、図形問題は正しく解けると楽しい絵が出てきたり、計算問題はパズル形式にするなど、解くことそのものが楽しくなる工夫をたくさん凝らしました。**問題が楽しく解けると、いつの間にか算数が好きになり、ひいては自分の頭で「考える力」が育まれていきます。**

　また、本書では、バリエーション豊かな5種類の問題を選んでいますので、お子さんがどのジャンルに苦手意識があるかを見つけることもできます。今後はその分野に特化した問題集をお求めいただき、弱点克服に力を入れるといった活用法もで

きると考えています。

　ぜひ、本書を通して、「算数の基本」を楽しく身につけていただければと思います。


　本書で扱う問題は、具体的には、以下の5つです。

❶ **立体図形の基本が身につく　点描写**

❷ **平面図形の基本が身につく　点描写・線対称**

❸ **四則計算の基本が身につく　ナンバー・マトリックス**

❹ **分数・整数の基本が身につく　素因数パズル**

❺ **文章題の基本が身につく　どっかい算**


　それぞれについて、どんな問題で、どんな力が身につくのかを順番に紹介していきましょう。

## ❶ 立体図形の基本が身につく「点描写」

**「点描写」とは、基本的には、格子状の点と点を結んで、手本と同じように図を描くこと**です。これを練習することによって、①立体図形の感覚が養成できるほか、②点と点を結ぶ作業が運筆の練習になる、③図の位置や形を一時的に記憶することで、短期記憶の訓練にもなります。また、集中して取り組むことで、④単純な計算ミスや書き写しのミスを減らせる効果もあります。


　実は、小学校高学年の児童に、練習をさせないで、立方体を描くように指示すると、正しく描ける児童はごくわずかで、ゆがんだ立方体を描くことが少なくありません。**この立体感覚を養成するのに最適なのが、「点描写」なの**です。

　実際、ゆがんだ立方体を描く児童に、「点描写」で練習をさせてみたところ、すぐに要領よく描けるようになりました。ぜひ、その効果を実感してみてください。

## ❷ 平面図形の基本が身につく　「点描写・線対称」

**「点描写・線対称」は、小学生がつまずきやすい「複雑な形の面積」「角度」「線対称・点対称」を中心に、図形問題全体に対する基礎力を養う格好の題材**です。

　線対称は、鏡やガラスなど、身近なものを使えば、比較的簡単にイメージすることができます。さらに、点描写をさせることによって、左右が対称であるという線対称の意味と感覚を身につけることができます。

　本書で扱う図形問題は、**まずは「正確に写す」ことが大事**です。正確に写せるようになったら、今度は「速く正確に写す」ことを意識させてください。正しく解けると面白い絵が出てくるという、解くのが楽しくなる工夫も凝らしています。

## ❸ 四則計算の基本が身につく　「ナンバー・マトリックス」

「ナンバー・マトリックス」は、組み合わせや約数などを何度も計算することにより、計算力が自然と身につく数字のパズルです。条件がわかりやすいパズルを楽しく解くことで、**自分の頭で「考える習慣」が身につき、日常で難しい問題にであったときも自分でなんとかしようとする力が発揮できるようになります。**

　特に、このパズルで磨かれるのは、「拡散思考」と「集中思考」です。前者は、決まったやり方がない状態からあれこれと新しい選択肢を生み出す、創造には不可欠な考え方で、後者はそこから唯一の結論を導き出す、問題解決の考え方です。

　わかりやすく言い換えると、それぞれの条件にあてはまるものをすべて見つける「あてはめ思考（拡散思考）」と、そのなかから全部の条件を満たすものを見つける「しぼり思考（集中思考）」です。

たとえぱ、A「10以下の偶数」、B「10以下の3の倍数」という2つの条件を満たす数は何かを考えます。まず、「あてはめ思考」で、Aの条件にあてはまる数は「2, 4, 6, 8, 10」、Bの条件にあてはまる数は「3, 6, 9」ということがわかります。そして、「しぼり思考」によって、A,B両方の条件に合うのは、「6」だとわかります。

　このような「考える方法」を自然に身につけることで、条件に合うよう試行錯誤しながら、さまざまな問題について、自力で答えが出せるようになるのです。


## ❹ 分数・整数の基本が身につく　「素因数パズル」

**「素因数パズル」は、分数・整数の非常に大事な基礎でありながら、退屈な計算練習を強いられることの多い「共通の素因数」を見つける作業を、楽しいパズルを解きながらできるようになることを目的としています。**


### ① 素数とは？

　12には1, 2, 3, 4, 6, 12の6個の約数があります。そして、7には1と7の2個の約数しかありません。11にも、1と11の2個の約数しかありません。

　7や11のように、「1と自分自身だけの、2個の約数しか持たない数」を「素数」といいます。


### ② 素因数分解とは？

　12は、1×12や、2×6、3×4というように、2つの数のかけ算の形で表せます。また、2×2×3のように、素数だけのかけ算でも表せます。

　このように、ある数を素数の積で表したとき、その素数を「素因数」といい、ある数を素因数の積に分けることを「素因数分解する」といいます。


　**中学入試の多くの応用問題で、この素因数分解の知識、計算能力が試されています。**

そのため、「素因数パズル」に取り組むことで、分数・整数が得意になるだけでなく、中学入試の計算問題を解く力も向上させる効果も期待できます。

## ❺ 文章題の基本が身につく 「どっかい算」

**「どっかい算」は、文章題を解く際に、「設問が正しく読めていないから解けない」という原因を発見し、それを解決する数少ない教材**です。

　実際に、**問題が「わからない」と言っている子どもの多くが、問題が難しくて解けないのではなく、問題の内容について理解できていないから解けない**、のです。

　ですから、「どっかい算」を使って、「きちんと読ませる」という指導をするだけで、多くの子どもが国語（ほかの教科も！）の成績を上げることができます。

　この問題の特徴としては、「設問のレベルはそれほど高くない」「解のない問題、複数解のある問題にも向き合う」というポイントがあります。いずれも、「問題文を読むことの大切さ」を理解していただくことがねらいです。
「どっかい算」で学習した生徒たちからは、「問題文をしっかりと読むことの大切さがわかった」「正しく読めば解けるということが理解できた」、また「テストの点数・成績が上がった」などという多くの声が寄せられています。

　さらに、「言葉」を深く理解し、使いこなせるようになることで、「ものごとを、筋道を立てて論理的に考える力＝思考力」が上がったという声も、たくさんいただいています。「読解力」は、「思考力」を鍛える基盤にもなるのです。

　本書にある５種類の問題を解くことで、以上の５つの基礎力が楽しく身につくことが期待できます。ぜひ、お子さんが興味を持ちそうな問題から、無理なくチャレンジさせてみてください。

# 本書の使い方

**❶** ルールを理解しているかどうかは指導なさる方がチェックして
あげてください。

**❷** すぐに解けない問題があれば、そこは飛ばしても結構です。何
日か、または何ヵ月かしてもう一度挑戦しようという意欲が出
たときに解かせてあげてください。

**❸** 丸つけは、その場でしてあげてください。フィードバック（自
分の行為が正しかったかどうか評価を受けること）は早ければ
早いほど、お子さんの学習意欲と定着につながります。

**❹** 答え合わせは、なるべく指導なさる方がしてあげてください。
答えを見てしまうと、それ以上考えることができなくなります。

**❺** 解き方のテクニックやコツは、いろいろあります。しかし、そ
のテクニックやコツも子どもたち自身が発見することで、何倍
もの力になります。保護者の方は、補助として、ヒントを与え
る程度にとどめてください。

**❻** 図形問題は、定規を使わずに、なるべくまっすぐな線が描ける
ように練習させてください。
正解と不正解の区別については、
　① 線の端と端の点が合っている
　② 実線と点線の区別ができている
　③ 図形の頂点（曲がり角の部分）
の３つが正しければ、途中の線が少々曲がっていても正解とし
てください。ただし、まったく同じ形でも、上下左右に位置が
ずれているものは不正解とします。

# Contents

おうちの方へ ......................... 2

本書の使い方 ........................ 7

立体図形の基本が身につく
点描写 ............................. 9

平面図形の基本が身につく
点描写・線対称 ..................... 31

四則計算の基本が身につく
ナンバー・マトリックス ............. 45

分数・整数の基本が身につく
素因数パズル ....................... 59

文章題の基本が身につく
どっかい算 ......................... 79

解答編 ............................. 109
（※「どっかい算」の解答は、問題の次のページに掲載しています）

# 立体図形の基本が身につく
# 点描写

**例題** 問題の図をそのまま右のページにうつしましょう。

[ **問 題** ] 立方体

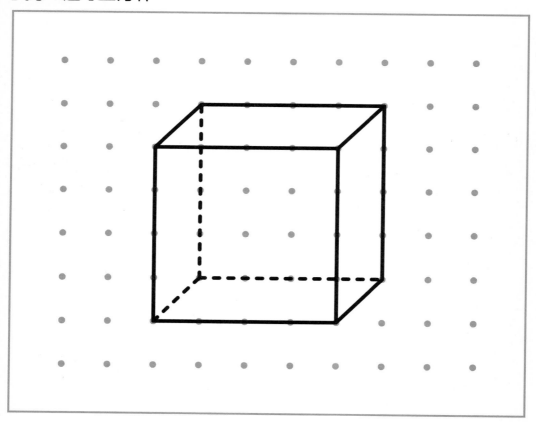

注意

- 点と点をはしまでむすびましょう。
- 定規は使わず、まっすぐな線をひきましょう。
- 図形の位置が上下左右にずれないようにうつしましょう。

[ **解答例** ]

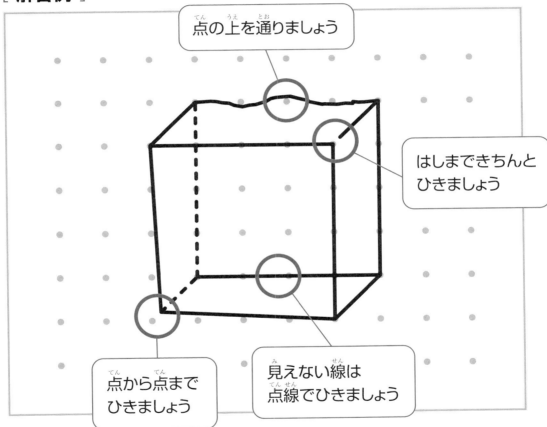

点の上を通りましょう

はしまできちんと
ひきましょう

見えない線は
点線でひきましょう

点から点まで
ひきましょう

点描写 1

問題の図をそのまま右のページにうつしましょう。
自信があるきみは、1分で問題の図を覚えて、
見ないでやってみよう。

[ 問　題 ]立方体①

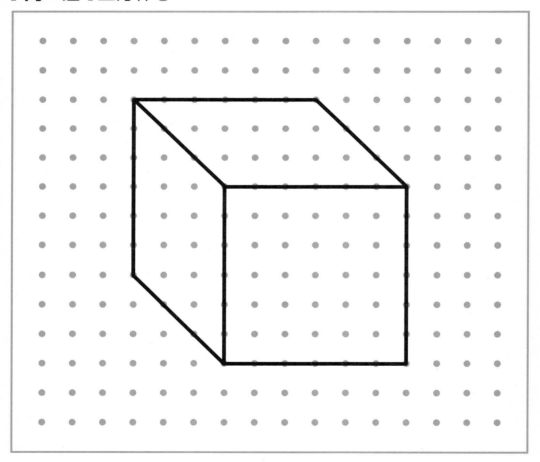

かかった時間を記録しよう!

月　日　　　分　秒

3分でできたら 合格　2分でできたら 天才

平面図形の基本が身につく

# 点描写 線対称

線対称になるように、図形をかきましょう。

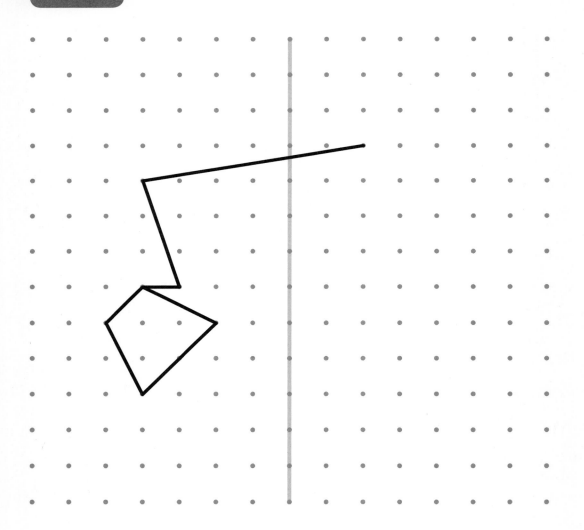

● 始点・終点と各頂点は、必ず地の点（ドット）の上を
通りましょう。
● 定規は使わず、まっすぐな線をひきましょう。

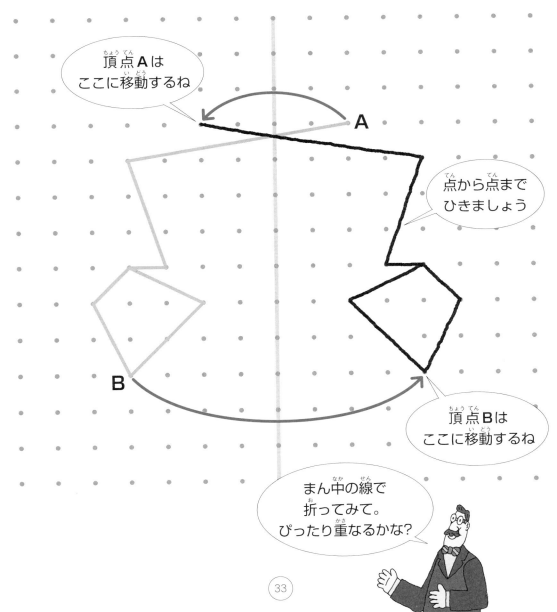

## 解説 線対称とは…

　ある１つの図形を、１本の直線で折り曲げて、ぴったりと重なるとき、その図形は「線対称」である、といいます。

　また、ある２つの図形を、１本の直線で折り曲げて、ぴったりと重なるとき、それらの図形は「線対称」の関係にある、といいます。

　このとき、折り曲げる直線を「対称の軸」といいます。

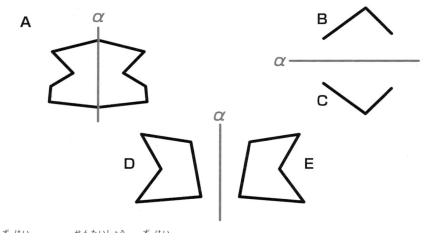

　図形Aは、線対称の図形です。

　図形BとC、図形DとEは、それぞれ線対称の関係にあります。

　また、αは対称の軸です。


　ここまで理解できたら、次のページの「問題」に進みましょう。

<ruby>線対称<rt>せんたいしょう</rt></ruby>になるように、<ruby>図形<rt>ずけい</rt></ruby>をかきましょう。

→<ruby>答<rt>こた</rt></ruby>えは110ページ

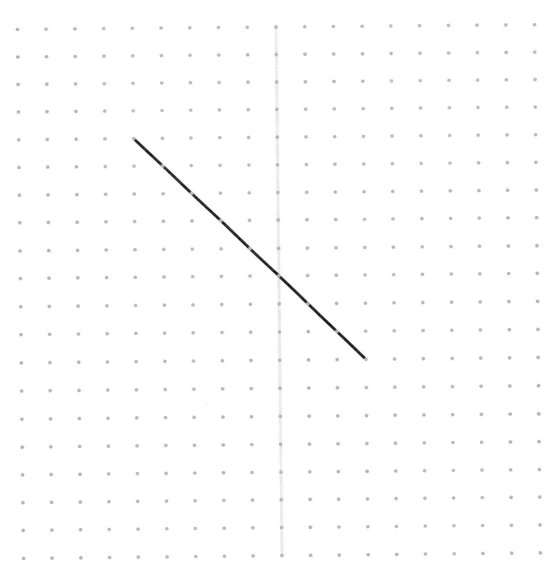

線対称になるように、図形をかきましょう。

→答えは110ページ

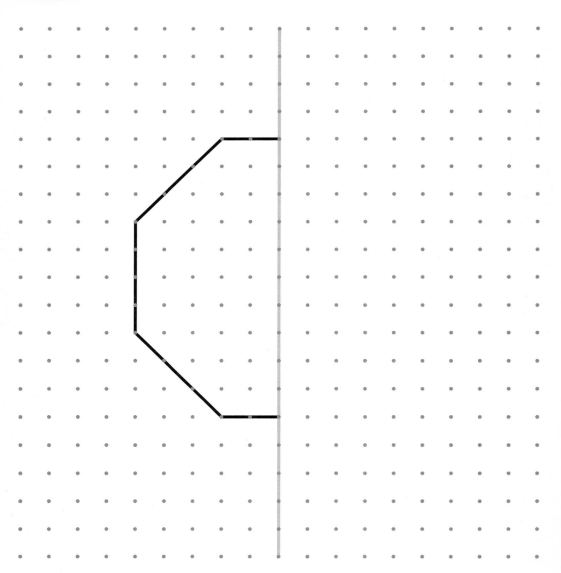

点描写
線対称
3

線対称になるように、図形をかきましょう。

→答えは110ページ

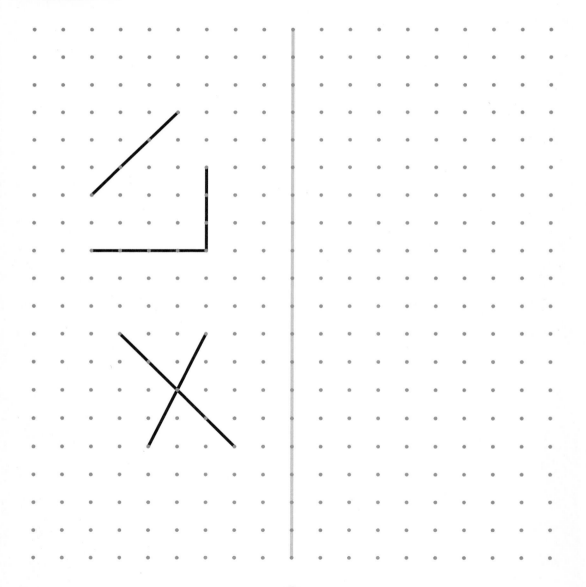

線対称になるように、図形をかきましょう。

→答えは110ページ

点描写
線対称
5

線対称になるように、図形をかきましょう。

→答えは111ページ

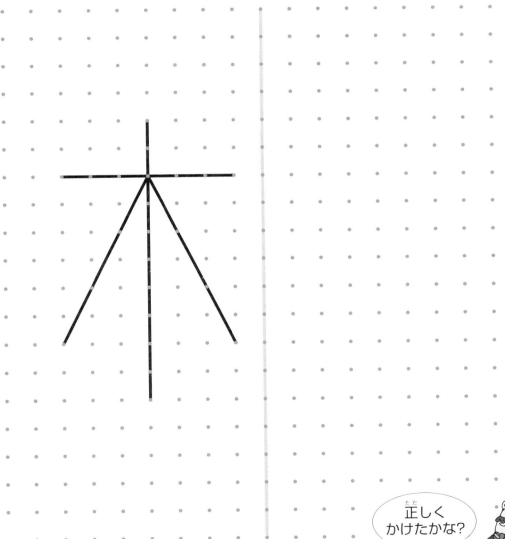

正しく
かけたかな?

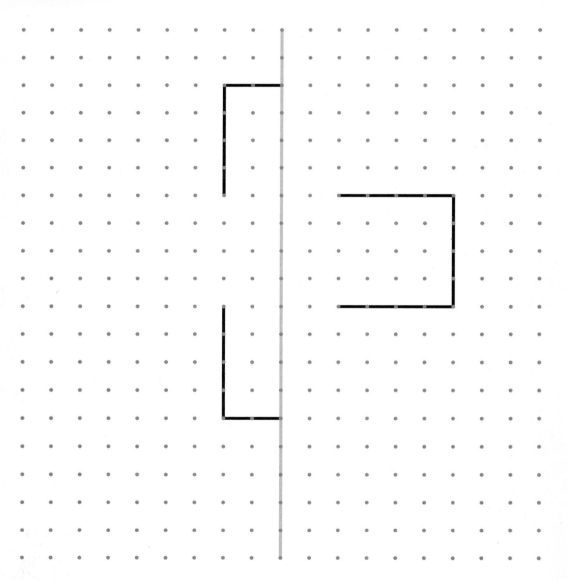

線対称になるように、図形をかきましょう。

→答えは111ページ

線対称になるように、図形をかきましょう。

→答えは111ページ

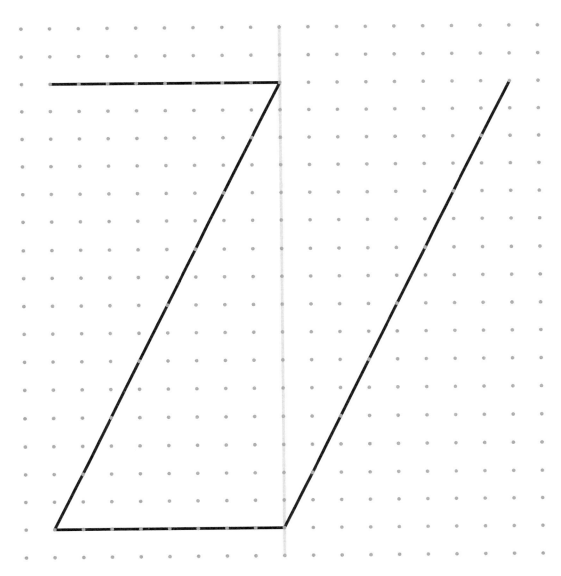

点描写
線対称
8

線対称になるように、図形をかきましょう。

→答えは111ページ

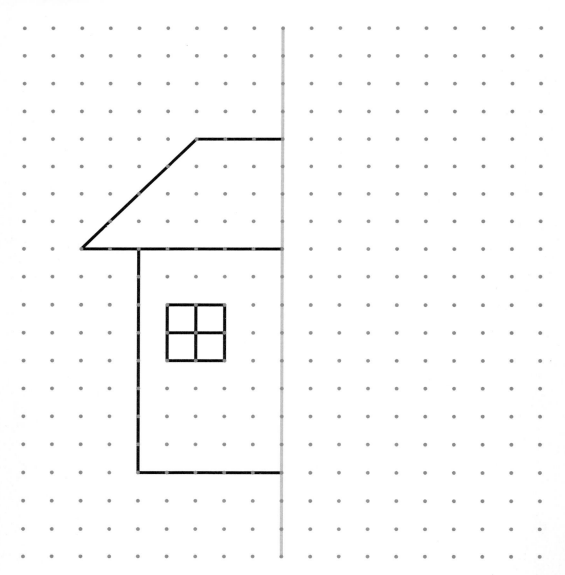

線対称になるように、図形をかきましょう。

→答えは112ページ

正しく
かけたかな?

線対称になるように、図形をかきましょう。

→答えは112ページ

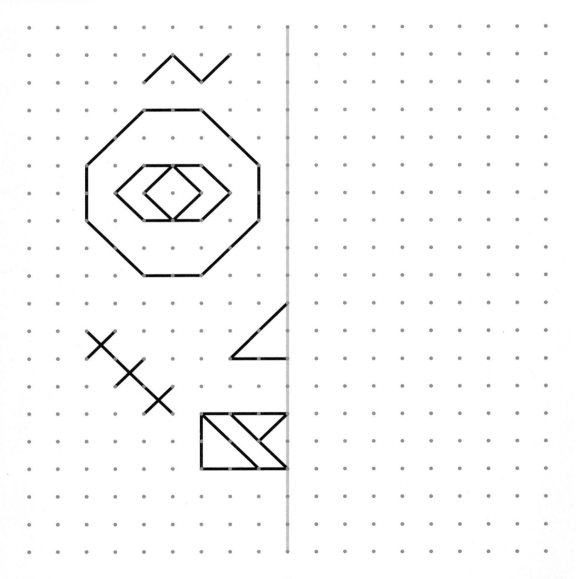

四則計算の基本が身につく

# ナンバー・マトリックス

## 例題　ルールにしたがって、正しい式をつくりましょう。

[ 1 ～ 5 ]

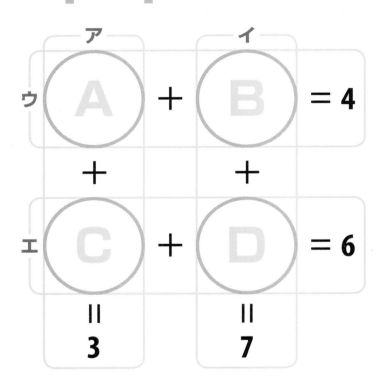

✎ルール　①◯の中に入るのは [　] の中の数字だけです。

②同じ数は一度しか ◯ の中に入れることはできません。

③たての式もよこの式も同時に正しい式になるようにしましょう。

ルールにしたがって、正しい式をつくりましょう。

→答えは114ページ

[ 1 ～ 9 ]

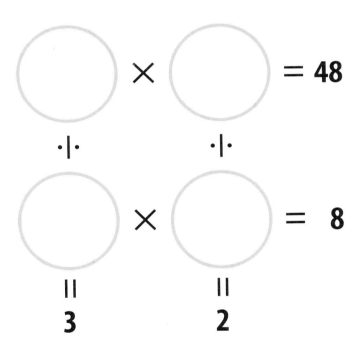

✏️ルール　①◯の中に入るのは [ 　] の中の数字だけです。

②同じ数は一度しか◯の中に入れることはできません。

③たての式もよこの式も同時に正しい式になるようにしましょう。

# 素因数パズル

ルールにしたがって、正しい素数（そすう）を入れましょう。

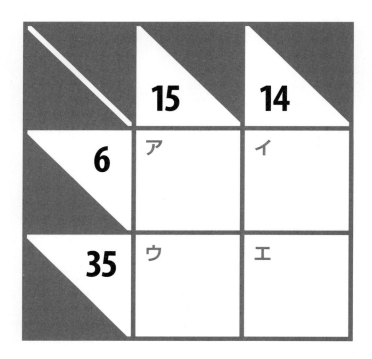

✏️ルール ①全てのマスに素数を入れましょう。
　　　　②問題の数の下または右の連続（れんぞく）するマスの積（せき）が
　　　　　その数になるように素数を入れましょう。

表にある数を素因数分解したあとに出てくる素数（意味は、おうちの人に聞いてみよう）を、その数の → または ↓ の方向にならべます。

　つまり、たて、よこの列に続いた素数の積（かけ算した結果）が、もとの数になるようにならべていきます。

# 素因数パズルの解き方

**❶** 問題にある数をすべて素因数分解します（なお、1は素数ではありません）。素因数分解をするのに電卓などを使うのは禁止です。必ず、「ふたまた分解」（→63ページ）などの筆算か暗算でしてください。

**❷** 左図の例では、6＝2×3、35＝5×7、15＝3×5、14＝2×7となります。

**❸** マスのなかに、たてとよこに共通する素数を入れます。

　たとえば、6は2×3なので、アには2か3のどちらかが入ります。15は3×5なので、アには3か5のどちらかが入ります。両方の数から考えると、アには3しか入りませんので、アは3と決まります。

**❹** アが3と決まるとア×イは6ですので、3×イ＝6です。そこで、イ＝6÷3＝2となり、イは2と決まります。同じようにア×ウ＝15なので、ウ＝15÷3＝5と決まります。次に、エが14÷2＝7と決まります。

**5** 最後に、ウ×エが**35**になっているかを確認します。

ウ×エ＝**35**なので、ウが**5**、エが**7**で**5×7＝35**で合っていることを確認します。

**6** 答えは、下のようになります。

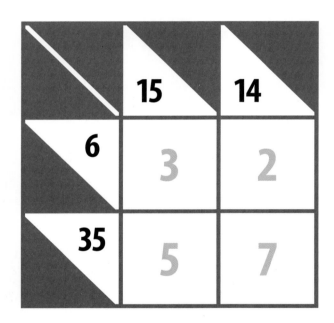

なるほど！

ルールにしたがって、正しい素数を入れましょう。

→答えは115ページ

|  | 9 | 18 | 12 |
|---|---|---|---|
| 18 |  |  |  |
| 12 |  |  |  |
|  | 9 |  |  |

ルール ①全てのマスに素数を入れましょう。
②問題の数の下または右の連続するマスの積が
その数になるように素数を入れましょう。

ルールにしたがって、正しい素数（そすう）を入れましょう。

→答えは115ページ

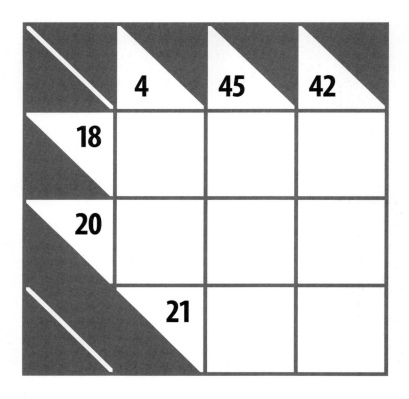

ルール ①全てのマスに素数を入れましょう。
②問題の数の下または右の連続（れんぞく）するマスの積（せき）が
その数になるように素数を入れましょう。

素因数
パズル
4 × 4
6

ルールにしたがって、正しい素数（そすう）を入れましょう。

→答えは116ページ

|  |  | 204 | 90 | 78 |
|---|---|---|---|---|
| 42 \ 30 |  |  |  |  |
| 136 |  |  |  |  |
| 819 |  |  |  |  |
| 18 |  |  |  |  |

✏️ ルール ①全てのマスに素数を入れましょう。
②問題の数の下または右の連続（れんぞく）するマスの積（せき）が
その数になるように素数を入れましょう。

ルールにしたがって、正しい素数を入れましょう。

→答えは116ページ

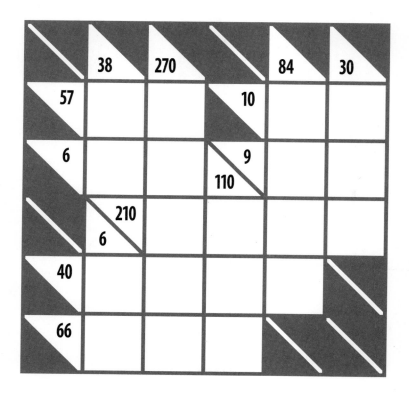

✏️ルール ①全てのマスに素数を入れましょう。
②問題の数の下または右の連続するマスの積が
その数になるように素数を入れましょう。

ルールにしたがって、正しい素数を入れましょう。

→答えは116ページ

|  |  |  |  | 468 | 6 |
|---|---|---|---|---|---|
| | 84 | 150 | 4 ╱ 39 | | |
| 120 | | | | | |
| 84 | | | | | 6 |
| 6 | | | 4 | | |
| 15 | | | 6 | | |

✏️ ルール　①全てのマスに素数を入れましょう。
　　　　②問題の数の下または右の連続するマスの積が
　　　　　その数になるように素数を入れましょう。

ルールにしたがって、正しい素数を入れましょう。

→答えは117ページ

|  | 114 | 102 |  | 10 | 36 |
|---|---|---|---|---|---|
| 6 |  |  | 6 |  |  |
| 38 |  | 84 / 110 |  |  | 66 |
| 102 |  |  | 6 / 9 |  |  |
| 6 | 39 / 36 |  |  |  |  |
| 156 |  |  |  |  |  |
| 42 |  |  |  |  |  |

✏ ルール ①全てのマスに素数を入れましょう。
②問題の数の下または右の連続するマスの積が
その数になるように素数を入れましょう。

素因数
パズル
**7 × 7**
**10**

ルールにしたがって、正しい素数（そすう）を入れましょう。

→答えは117ページ

| | 132 | 126 | 10 | | 60 | 34 | |
|---|---|---|---|---|---|---|---|
| 30 | | | | 51 / 6 | | | |
| 336 | | | | | | | |
| 6 | | | 15 / 36 | | | 54 | 26 |
| 66 | | | | 12 / 14 | | | |
| | | 14 / 38 | | | 39 / 69 | | |
| | 72 | | | | | | |
| | 57 | | | 46 | | | |

✏ **ルール** ①全てのマスに素数を入れましょう。

②問題の数の下または右の連続（れんぞく）するマスの積（せき）が

その数になるように素数を入れましょう。

77

文章題の基本が身につく

# どっかい算

## 例題 1

　きょうこさんは1150円持っています。みきこさんは1230円持っています。2人はいっしょに文房具を買いに行きました。みきこさんはえんぴつを1本と赤ペン1本を買うつもりでしたが、えんぴつがかわいかったので、えんぴつを5本と赤ペン1本買いました。きょうこさんはふでばこ1つと15cmの定規を1つ買うつもりでしたが、ふでばこが高かったので、150円の定規とクリップを6こ買いました。買い物が終わったあと、2人の持っているお金の合計はいくらになりますか。ふでばこは1つ630円、えんぴつは1本80円、赤ペンは1本120円、クリップは1こ30円でした。

## 例題 1 の解説

文章題を解くときには、大きな2つのポイントがあります。

**1つ目は、設問の文章がきちんと理解できているかどうか**

**2つ目は、何を求めなければならないか（設問で問われていること）が、わかっているかどうか**

です。

特に２つ目の「何を求めなければならないか」をよく理解しないままに文章題を解いている人が、たくさんいます。とうぜん、「何を求めなければならないか」をよく理解しないまま解けば、正しい答えを求めることはできません。

　さて、[ 例題❶ ]で質問されていることは何ですか。[ 例題❶ ]では、何を求めなければならないでしょうか。きちんと読み取れましたか。

　　質問されている内容は、
　　Ａ「……支払ったお金の合計はいくらになりますか」
　　ではありません。また、
　　Ｂ「……２人の持っているお金の合計はいくらになりますか」
　　でもありません。

　　正しくは、
　**「……買い物が終わったあと、２人の持っているお金の合計はいくらになりますか」**
　　です。

　　質問されている内容が「Ａ」だと読み取った人は、答えが買った商品の代金の合計だと思って「850円」としたかもしれません。
　　質問されている内容が「Ｂ」だと読み取った人は、「2380円」としたことでしょう。
　**きちんと文章が読めない人は、たずねられている内容もきちんと読み取ることができていません。**ですから、正しい答えを出すことができません。

　　この問題では、少なくとも「……買い物が終わったあと、２人の持っているお金の合計はいくらになりますか」という部分全部が読み取れていないと、正しい答えを出

すことはできないのです。

「買い物が終わったあと」ですから、もともと持っている金額から買い物をした分の金額を引いたもの、それの2人の合計分が、問題で問われていることです。

**問われている内容を正しく理解できていること、これはたいへん重要です。**

問われている内容が正しく理解できて、そして文章全体の内容が読み取れれば、正しい答えに至ります。

次は、「文章全体の内容が正しく読み取れているか」です。

［例題❶］をそのまま読むと、いくつかの大切な情報がバラバラに出てきます。このままでは正しく式を立てることは難しいでしょう。

そこで、この［例題❶］を次のように書きかえてみます。「きょうこさん」は「きょうこさん」で時間の流れの順に金額を書きます。また、「みきこさん」は「みきこさん」で、別に書きます。

---

### ✏️ 例題 ❶ 改

きょうこさんは1150円持っています。文房具屋さんで、150円の定規と30円のクリップ6こを買いました。

みきこさんは1230円持っています。同じく文房具屋さんで、80円のえんぴつ5本と120円の赤ペン1本を買いました。

買い物が終わったあと、2人の持っているお金の合計はいくらになりますか。

このように書いてあれば、読み取りが非常に楽になりますね。

**文章を正しく読み取るとは、[ 例題❶ ] を [ 例題❶ 改 ] のように整理すること**です。これが「読解力」です。

これを式という形に整理できれば、もう解けたも同然です。**文章を式に直すというのも、じつは読解力なのです。**

きょうこ：1150 − (150 + 30 × 6) = 820

みきこ：1230 − (80 × 5 + 120) = 710

820 + 710 = 1530

答え　　1530円

学校ではふつう、算数の計算の式を書くときは「単位を書かない」と教わることが多いようですが、設問の文章を正しく理解し、式をまちがいなく立てるためには、式に「単位」を書いた方がよいと思います。

きょうこ：1150円 − (150円 + 30円 × 6こ) = 820円

みきこ：1230円 − (80円 × 5本 + 120円) = 710円

820円 + 710円 = 1530円

答え　　1530円

では、次の例題にいってみましょう。

10歳のきょうこさんは1150円持っています。11歳のみきこさんは1230円持っています。2人はいっしょに文房具を買いに行くことにしました。みきこさんはえんぴつを1本と赤ペン1本を買うつもりでしたが、明日はきょうこさんの誕生日だったことを思い出して、自分の買うつもりだった分に加えて、かわいいえんぴつを4本、きょうこさんのために買いました。きょうこさんはふでばこ1つと15cmの定規を1つ買うつもりでしたが、ふでばこが高かったので、150円の定規とクリップを6こ買いました。きょうこさんの誕生日は9月2日で、みきこさんの誕生日は4月25日です。買い物が終わったあと、2人の持っているお金の合計はいくらになりますか。えんぴつは1本80円、赤ペンは1本120円、クリップは1こ30円でした。

### 例題 2 の解説

よく読んでみましょう。これは[ 例題 1 ]とほぼ同じ問題です。

2人の年齢や誕生日という、この問題を解くのに不要な数字が入っているところがちがうだけです。

[ 例題 1 ]のように、この問題を必要な部分だけ整理してみると、どうなりますか?

## ✏️ 例題 ❷ 改

　　きょうこさんは1150円持っています。文房具屋さんで、150円の定規と30円のクリップ6こを買いました。

　　みきこさんは1230円持っています。同じく文房具屋さんて、80円のえんぴつ5本と120円の赤ペン1本を買いました。

　　買い物が終わったあと、2人の持っているお金の合計はいくらになりますか。

[ **例題 ❶ 改** ] とまったく同じですね。

まったく同じ問題ですから、式もまったく同じになります。

きょうこ：1150円 −（150円 + 30円 × 6こ）= 820円

みきこ：1230円 −（80円 × 5本 + 120円）= 710円

820円 + 710円 = 1530円

　　計算の問題そのものは、まったく難しくありません。きちんと文章が読めていれば、必ず正しい答えを出すことができるでしょう。

答え　　1530円

## ✏️ 例題 ❸

　　10歳のきょうこさんは1150円持っています。11歳のみきこさんは1230円持っています。2人はいっしょに文房具を買いに行くことにしました。みきこさんはえんぴつを1本と赤ペン1本を買うつもりでしたが、明日はきょうこさんの誕生日だったことを思い出して、自分の買うつもりだった

分に加えて、かわいいえんぴつを4本、きょうこさんのために買いました。
きょうこさんはふてばこ1つと15cmの定規を1つ買うつもりでしたが、ふ
てばこが高かったので、150円の定規とクリップを6こ買いました。きょ
うこさんの誕生日は9月2日で、みきこさんの誕生日は4月25日です。え
んぴつは1本80円、赤ペンは1本120円、クリップは1こ30円でした。
今日は何月何日ですか。

## ✏️ 例題 3 の解説

　この設問で問われているのは、「今日は何月何日ですか」です。

　ですから、日づけだけに注目すればよく、設問の文章に出てくる文房具の金額や個
数は、まったく必要ありません。

　この設問を整理すると、次のようになります。

## ✏️ 例題 3 改

　きょうこさんは10歳です。みきこさんは11歳です。
　明日はきょうこさんの誕生日です。
　きょうこさんの誕生日は9月2日で、みきこさんの誕生日は4月25日です。
　今日は何月何日ですか。

問題
**8**

ぼくは運動をしようと考え、晴れとくもりの日はジョギング40分となわとび60回とうで立てふせ20回、雨の日はジョギングはなしでなわとび120回とうで立てふせ30回すると決めました。ぼくがそれらを始めてから20日たちました。20日のうち、晴れは10日、くもりは6日、雨は4日でした。さて、ぼくは20日でなわとびを何回したでしょうか。ただし1日はサボって、何もしませんでした。

答え：

▶答えは104ページ

　問われているのは「なわとびを何回」ですから、ジョギングとうで立てふせは関係なく、考える必要はありません。

　整理すると、

　　　なわとび：　晴れ60回・10日、くもり60回・6日、雨120回・4日


　晴れの日とくもりの日は同じ回数なので、晴れの日＋くもりの日＝10日＋6日＝16日で、

　　　なわとび：　晴れとくもり60回・16、雨120回・4日

　と考えてもいいでしょう。


　ただし、このうち何もしなかった日が1日あります。それが「晴れ・くもり」の日か、「雨」の日かで、なわとびをした回数が変わります。

　ですから、

答えＡ　　わからない


　もし、何もしなかった日が「晴れ・くもり」の日ならば、

　　　なわとび：晴れとくもり60回・15日、雨120回・4日

　　　60回×15日＋120回×4日＝1380回


　もし、何もしなかった日が「雨」の日ならば、

　　　なわとび：晴れとくもり60回・16日、雨120回・3日

　　　60回×16日＋120回×3日＝1320回


答えＢ　　1380回か1320回かのどちらか


　　答えＣ　　もし何もしなかった日が「晴れ・くもり」の日ならば　1380回

　　　　　　　　もし何もしなかった日が「雨」の日ならば　1320回

**問題 10**

みどり小学校では、学校内では白か緑のものしか身につけてはいけないルールになっています。今日4年3組の生徒は、白い靴の生徒が16人、白いシャツの生徒が11人、緑の靴の生徒が9人でした。また、しまやがらなど、2つの色が混じったものを身につけている生徒はいませんでした。

① 4年3組の生徒は、今日は何人出席していますか。

② 「緑の靴」で「緑のシャツ」の生徒は何人以上何人以下ですか。

答え： ①                    ②

▶答えは108ページ

① 白か緑しか身につけてはいけないので、「靴」を見れば人数がわかります。

　　16人 + 9人 = 25人

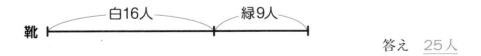

　　　　　　　　　　　　　　　　　　　　　　　　答え　25人

② まず「緑のシャツ」は　25人 − 11人 = 14人　です。
「緑の靴」9人がすべて「緑のシャツ」の場合が考えられるので、最も多い場合は9人です。

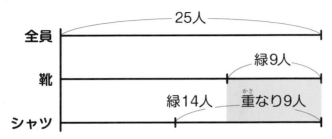

　最も少ない場合は、「緑の靴」の人と「緑のシャツ」の人ができるだけ重ならない場合です。出席者は25人ですので、下図のように「緑の靴」の人がすべて「白いシャツ」の場合が考えられますので、最も少ない場合は0人です。

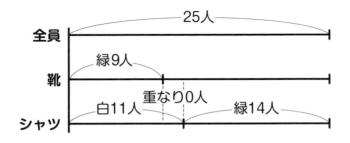

　　　　　　　　　　　　　　　答え　0人以上9人以下

図形・計算・文章題の
基本が身につく！

解答編
（かい）（とう）（へん）

答えは
できるだけ見ない
ようにしようね
（こた）（み）

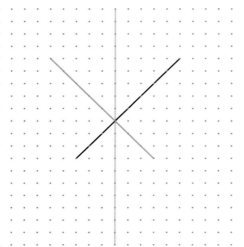

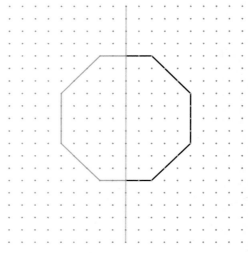

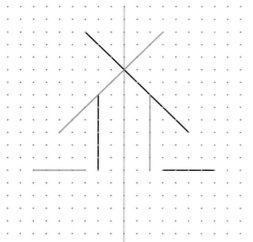

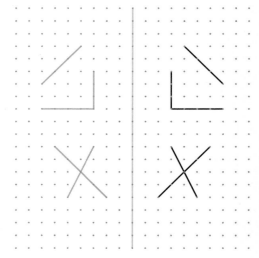

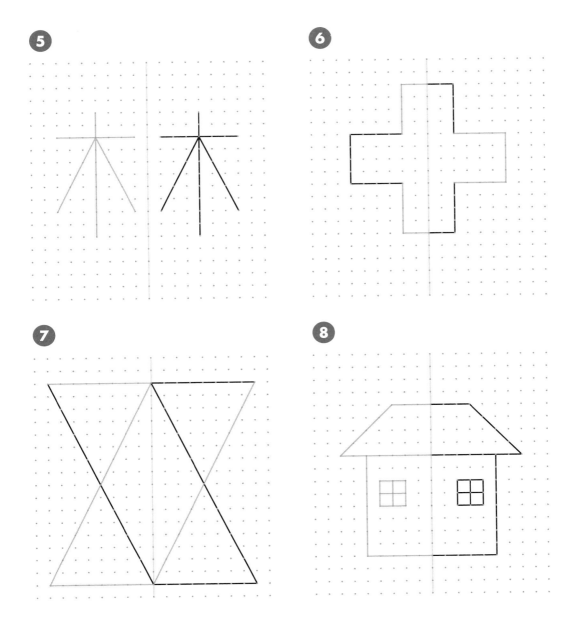

**⑨**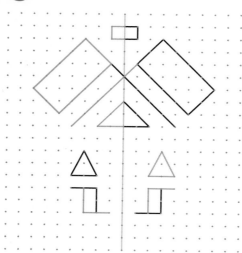

**⑩**

**❶**

( 1 ) + ( 2 ) = 3

+ +

( 3 ) + ( 6 ) = 9

‖ ‖

4 8

**❷**

( 6 ) + ( 4 ) = 10

+ +

( 5 ) + ( 8 ) = 13

‖ ‖

11 12

**3**

$$( 4 ) + ( 6 ) = 10$$
$$+ \qquad +$$
$$( 8 ) + ( 7 ) = 15$$
$$\| \qquad \|$$
$$12 \qquad 13$$

**4**

$$( 6 ) + ( 18 ) = 24$$
$$+ \qquad +$$
$$( 8 ) + ( 17 ) = 25$$
$$\| \qquad \|$$
$$14 \qquad 35$$

**5**

$$( 7 ) - ( 5 ) = 2$$
$$+ \qquad +$$
$$( 9 ) - ( 4 ) = 5$$
$$\| \qquad \|$$
$$16 \qquad 9$$

**6**

$$( 6 ) + ( 8 ) = 14$$
$$| \qquad |$$
$$( 2 ) + ( 3 ) = 5$$
$$\| \qquad \|$$
$$4 \qquad 5$$

**7**

$$(19) + (4) = 23$$
$$| \qquad +$$
$$(8) + (13) = 21$$
$$\| \qquad \|$$
$$11 \qquad 17$$

**8**

$$(14) + (10) = 24$$
$$+ \qquad +$$
$$(13) - (7) = 6$$
$$\| \qquad \|$$
$$27 \qquad 17$$

**9**

$$(9) \times (3) = 27$$
$$\times \qquad \times$$
$$(4) \times (8) = 32$$
$$\| \qquad \|$$
$$36 \qquad 24$$

**10**

$$(6) \times (8) = 48$$
$$\div \qquad \div$$
$$(2) \times (4) = 8$$
$$\| \qquad \|$$
$$3 \qquad 2$$

# 素因数パズル

**①**

|     |     | 12 | 18 |
| --- | --- | --- | --- |
| 6 / 6 | 6 | 2 | 3 |
| 27 | 3 | 3 | 3 |
| 8 | 2 | 2 | 2 |

**②**

|     | 9 | 18 | 12 |
| --- | --- | --- | --- |
| 18 | 3 | 3 | 2 |
| 12 | 3 | 2 | 2 |
| 9 |   | 3 | 3 |

**③**

|     | 4 | 45 | 42 |
| --- | --- | --- | --- |
| 18 | 2 | 3 | 3 |
| 20 | 2 | 5 | 2 |
|    | 21 | 3 | 7 |

**④**

|     | 70 | 63 | 18 |
| --- | --- | --- | --- |
| 105 | 5 | 7 | 3 |
| 12 | 2 | 3 | 2 |
| 63 | 7 | 3 | 3 |

**5**

| | 66 | 84 | 90 | |
|---|---|---|---|---|
| 63 | 3 | 7 | 3 | 28 |
| 60 | 2 | 3 | 5 | 2 |
| 132 | 11 | 2 | 3 | 2 |
| 28 | | 2 | 2 | 7 |

**6**

| | | 204 | 90 | 78 |
|---|---|---|---|---|
| 30 / 42 | 2 | 5 | 3 | |
| 136 | 2 | 17 | 2 | 2 |
| 819 | 7 | 3 | 3 | 13 |
| 18 | 3 | 2 | 3 | |

**7**

| | 38 | 270 | | 84 | 30 |
|---|---|---|---|---|---|
| 57 | 19 | 3 | 10 | 2 | 5 |
| 6 | 2 | 3 | 9 / 110 | 3 | 3 |
| 210 / 6 | 3 | 5 | 7 | 2 | |
| 40 | 2 | 5 | 2 | 2 | |
| 66 | 3 | 2 | 11 | | |

**8**

| | 84 | 150 | 39 / 4 | 468 | 6 |
|---|---|---|---|---|---|
| | | | | 13 | 3 |
| 120 | 2 | 5 | 2 | 3 | 2 |
| 84 | 7 | 2 | 2 | 3 | 6 |
| 6 | 2 | 3 | 4 | 2 | 2 |
| 15 | 3 | 5 | 6 | 2 | 3 |

**9**

| | 114 | 102 | | 10 | 36 | |
|---|---|---|---|---|---|---|
| 6 | 2 | 3 | 6 | 2 | 3 | 66 |
| 38 | 19 | 2 | 110 / 84 | 5 | 2 | 11 |
| 102 | 3 | 17 | 2 | 9 / 6 | 3 | 3 |
| | 6 | 36 / 39 | 3 | 3 | 2 | 2 |
| 156 | 3 | 13 | 2 | 2 | | |
| 42 | 2 | 3 | 7 | | | |

**10**

| | 132 | 126 | 10 | | 60 | 34 | |
|---|---|---|---|---|---|---|---|
| 30 | 2 | 3 | 5 | 51 / 6 | 3 | 17 | |
| 336 | 3 | 7 | 2 | 2 | 2 | 2 | |
| 6 | 2 | 3 | 15 / 36 | 3 | 5 | 54 | 26 |
| 66 | 11 | 2 | 3 | 12 / 14 | 2 | 3 | 2 |
| | | 14 / 38 | 2 | 7 | 39 / 69 | 3 | 13 |
| 72 | | 2 | 2 | 2 | 3 | 3 | |
| 57 | | 19 | 3 | 46 | 23 | 2 | |

# 考える力を育てる　入門天才ドリル
## 図形・計算・文章題の基本が身につく！

| | |
|---|---|
| 発行日 | 2020年11月30日　第1刷 |
| Author | 株式会社認知工学（出題：石川久雄　水島 酔） |
| Book Designer | 轡田昭彦＋坪井朋子 |
| Illustrator | 村越昭彦 |
| Publication | 株式会社ディスカヴァー・トゥエンティワン |
| | 〒102-0093　東京都千代田区平河町2-16-1　平河町森タワー11F |
| | TEL 03-3237-8321（代表）　03-3237-8345（営業） |
| | FAX 03-3237-8323 |
| | https://d21.co.jp/ |
| Publisher | 谷口奈緒美 |
| Editor | 三谷祐一　谷中卓 |
| Publishing Company | 蛯原昇　梅本翔太　千葉正幸　原典宏　古矢薫　佐藤昌幸 |
| | 青木翔平　大竹朝子　小木曽礼丈　小山怜那　川島理　川本寛子 |
| | 越野志絵良　佐竹祐哉　佐藤淳基　志摩麻衣　竹内大貴 |
| | 滝口景太郎　直林実咲　野村美空　橋本莉奈　廣内悠理 |
| | 三角真穂　宮田有利子　渡辺基志　井澤徳子　藤井かおり |
| | 藤井多穂子　町田加奈子 |
| Digital Commerce Company | 谷口奈緒美　飯田智樹　大山聡子　安永智洋　岡本典子 |
| | 早水真吾　三輪真也　磯部隆　伊東佑真　王廳　倉田華　榊原僚 |
| | 佐々木玲奈　佐藤サラ圭　庄司知世　杉田彰子　高橋雛乃 |
| | 辰巳佳衣　中島俊平　野﨑竜海　野中保奈美　林拓馬　林秀樹 |
| | 元木優子　安永姫菜　小石亜希　中澤泰宏　石橋佐知子 |
| Business Solution Company | 蛯原昇　志摩晃司　藤田浩芳　野村美紀　南健一 |
| Ebook Group | 松原史与志　西川なつか　牧野類　小田孝文　俵敬子 |
| Business Platform Group | 大星多聞　小関勝則　堀部直人　小田木もも　斎藤悠人 |
| | 山中麻吏　福田章平　伊藤香　葛目美枝子　鈴木洋子　畑野衣見 |
| Corporate Design Group | 岡村浩明　井筒浩　井上竜之介　奥田千晶　田中亜紀　福永友紀 |
| | 山田諭志　池田望　石光まゆ子　齋藤朋子　丸山香織　宮崎陽子 |
| | 青木涼馬　大竹美和　大塚南奈　越智佳奈子　副島杏南 |
| | 田山礼真　津野主揮　中西花　西方裕人　羽地夕夏　平池輝 |
| | 星明里　松ノ下直輝　八木眸 |
| Proofreader | 文字工房燦光 |
| DTP | 轡田昭彦＋坪井朋子 |
| Printing | 日経印刷株式会社 |

ISBN978-4-7993-2707-4